はじめに

近年、わが国で発生している食中毒事故は、1 年間に約 1,000～1,200 件、患者数は約 20,000 人にのぼります。その原因の大部分は、ノロウイルスとカンピロバクターなどの病原微生物によるものです。今後、高齢者人口の増加に伴い、高齢者の食中毒リスクの高まりが懸念されています。また、ここ数年の状況をみると、ガラスや金属等の異物混入による食品回収事例も増加傾向にあるとされています。

これらの防止対策には、最も合理的な衛生管理手法として国際的に認められている HACCP による衛生管理の導入が重要課題となります。2014 年５月には「食品等事業者が実施すべき管理運営基準に関する指針（ガイドライン）」が改正され、新たに HACCP を用いて衛生管理を行う場合の基準が規定されました。2018 年６月には、HACCP に沿った衛生管理の制度化を含む食品衛生法等の一部を改正する法律が公布され、原則、すべての食品等事業者を対象に HACCP に沿った衛生管理の実施が必要となりました。

HACCP は単独で機能するものではなく、普段いつも皆さんが行っている一般的衛生管理の実施とともに成り立つものです。

この本では、HACCP 導入の基本となる一般的衛生管理プログラムを詳しく解説し、さらに具体的なプラン作成から実施までを、飲食店・製造業・販売業の業種別に、例示やイラストを用いてわかりやすくまとめました。

食中毒予防につとめることは、お客様との信頼関係を強めることにつながります。工場や店舗の規模によって方法はさまざまですが、できるところから実践していきましょう。

① HACCPとはなんですか？

国際標準となる衛生管理方式

HACCPとは

食品の物流が地球規模になってきた現在では衛生管理方式も国際的に通用するものが必要となり、その救世主として脚光を浴びたのが、米国で開発された「ＨＡＣＣＰ」です。

ＨＡＣＣＰとは、Hazard Analysis and Critical Control Point の頭文字からとったもので、日本語では、「危害要因分析重要管理点」と訳されます。

食品の安全性に影響を及ぼす危害要因（ハザード）を管理し、それらの発生を予防するための一連のシステムです。

米国、カナダでは

米国では、ＦＤＡ[1]から１９９５年12月に水産食品、ＵＳＤＡ[2]から１９９６年７月に食肉および食肉製品、２００１年１月に果実および野菜ジュースの衛生管理を対象としたＨＡＣＣＰがそれぞれ義務として実施するよう公布されました。また、２０１１年に成立した「食品安全強化法」により、すべての施設に危害要因分析とその結果に基づく管理を義務づけることとしています。

カナダでは、食肉および食肉製品、水産物および水産製品が義務化されています。

ヨーロッパ各国では

EU（欧州連合）では、EC規則852／2004により、HACCP7原則に基づく手続きが加盟国における食品に係るあらゆる規模のすべての産業（一次生産および特定の関連活動を除く）に義務づけられています。

オーストラリア、ニュージーランド、その他の国では

オーストラリアでは食中毒に対する感受性の高い人（子供、老人、妊婦、免疫疾患患者）に食品を提供する事業者やカキ等二枚貝の生産、加工、配送事業者および生乳生産、集荷・配送、乳製品製造者に対して義務化されています。ニュージーランドでは、動物性原料・動物性製品を取り扱う製造・加工事業者およびワイン製造事業者に義務づけられています。

東南アジア諸国などでは、輸出用食品を製造している施設を中心に、輸入国の規制と意向に合わせる形で、HACCPを導入しているのが現状です。

このように、衛生管理方式にHACCPを導入することは多くの国々で受け入れられており、世界的同一システムの導入が必須事項となってきています。

1) FDA：Food and Drug Administration（米国食品医薬品局）

2) USDA：United States Department of Agriculture（米国農務省）

COLUMN 【HACCPの誕生】

宇宙食の安全のために

★HACCPの概念は、もともとNASA（アメリカ航空宇宙局）で宇宙開発計画の一環として考えられたもので、ロケット部品の品質管理など宇宙開発で採用されていた手法です。それは「モード・オブ・フェイリャー・システム」という管理手法であり、今日、自動車産業など多くの産業分野において活用されている、"Failure Mode and Effects Analysis"（失敗モードとその影響の解析手法）のことです。原材料と工程に内在する失敗要因（システム・エラー・欠陥）を抽出し、それらがトータルなシステムに及ぼす影響（リスク）を評価・解析して、発生予防対策を策定しておく取組みです。宇宙食にもこの方式が採用されました。

★宇宙食は地球で作られロケットに積み込まれますが、宇宙探査中に食中毒になったら大変です。ですから宇宙飛行士の食事は絶対に安全でなくてはなりません。

★このように高い信頼性のもとに宇宙食を作るための衛生管理に採用されたのがそもそもの始まりです。

② わが国でのHACCP導入

なぜHACCPが必要なのか

進む衛生管理の方式

わが国では、1995年5月に食品衛生法が改正され、HACCPの考え方を導入した「総合衛生管理製造過程に係る承認」を選択できる制度がスタートしました。

この制度は、今までは、製造・加工基準が決められているものは、その基準以外での製造が認められていませんでしたが、HACCPの考え方に基づいて、自ら設定した食品の製造または加工の方法と衛生管理を行い、営業者の申請に基づき厚生労働大臣が承認基準に適合することを個別に確認し、承認したものは基準に適合した方法による製造・加工とみなされるとしたものです。対象食品は、乳、乳製品、清涼飲料水、食肉製品、魚肉ねり製品、容器包装詰加圧加熱殺菌食品（いわゆるレトルト食品）です。

また1998年7月に「食品の製造過程の管理の高度化に関する臨時措置法」（HACCP支援法）が施行され、低利の融資などが定められました。また、2013年6月には本法律が10年間延長されるとともにHACCP導入の前段階での施設および体制の整備である「高度化基盤整備」を支援の対象とする改正が行われました。２０１４年５月には国内の食品等事業者に対し、ＨＡＣＣＰの段階的な導入を図る観点から「食品等事業者が実施すべき管理運営基準に関する指針（ガイドライン）」が改正され、従来の基準（従来型基準）に加え、新たにＨＡＣＣＰを用いて衛生管理を行う場合の基準（ＨＡＣＣＰ導入型基準）が規定され事業者が選択できることとされました。２０１６年12月には「食品衛生管理の国際標準化に関する検討会」において、ＨＡＣＣＰによる衛生管理の制度化の枠組み等がとりまとめられました。この最終とりまとめを踏まえ、２０１８年６月にはＨＡＣＣＰに沿った衛生管理の制度化を含む食品衛生法等の一部を改正する法律が公布されました（制度化については28ページ参照）。

食べ物の国際化を背景に

食べ物の安全性を確保するには、その製造・加工・流通・消費というすべての段階で衛生的に取り扱うことが必要です。

食べ物に由来するハザード（危害要因）は可能な限り除去されなければなりませんが、食の国際化等により、原材料、製品等が国際的規模で流通し、また環境、微生物による汚染等の中で従来の最終食品を検査する方式ではハザードの発生を十分に防止することは困難になってきています。

そこでもっと効果的な手段として食品製造工程中に危害防止につながる重要管理点をリアルタイムで監視・記録していく、このＨＡＣＣＰ方式が必要となっています。

ＨＡＣＣＰの目的

ＨＡＣＣＰのコンセプトは、米国では「from farm to table（農場から食卓まで）」と一言で表しています。すなわち、食品原材料が農場で生産されてから製品となって食卓に並ぶまでの間、人に起こり得る危険性をあらかじめ予測しながら、それぞれのステップで危険物質や危険要因を取り除いたり、無毒化または減弱化（安定化を含む）する方法を確立して安全な食品のみを消費者に提供しようとするものです。

③ HACCPとはどういうもの？

従来の衛生管理とどこが違う？

いままでの衛生管理

従来から、製造した食品が安全であることを確認するため、できあがった製品の検査（細菌、かび・酵母、添加物等の検査）を実施しています。しかし、食品が安全に製造されたことを実証するために最終製品をすべて検査することはできません。たとえば、包装食品の検査を行うには製品の包装を破らなければなりません。これでは商品にならないどころか包装の破れから二次汚染が起こってしまいます。

これがネックとなったため、NASA（アメリカ航空宇宙局）は包装を破らずに高い信頼性のもとに安全性を確保することを目的に、HACCPを設計しました。

画期的な衛生管理

HACCPによる衛生管理手法は、もっぱら製品の試験・検査に頼る部分が多かった従来の衛生管理の方法とは異なり、あらゆる角度から食品の安全性についてのハザードを予測し、原材料の受入れから製品の出荷に

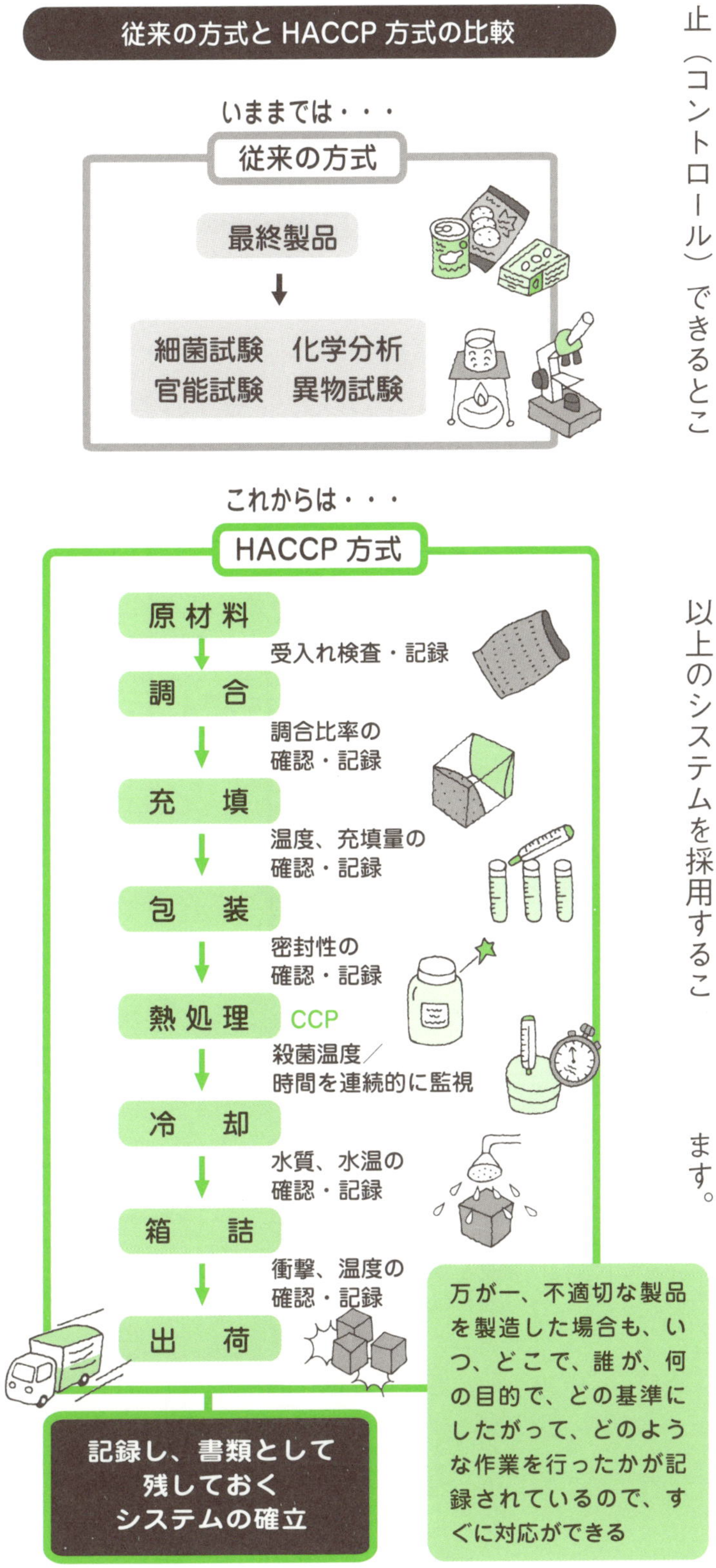

至るそれぞれの製造工程ごとに、発生する可能性のあるハザードとその発生要因、危害の頻度や発生したときの影響力の大きさ等を考慮してリスト化し、それぞれの危害を適切に防止（コントロール）できるところに管理点（CCP）を設定して重点的に管理・記録しようとするものです。

ハザードの発生を未然に防ぐ

以上のシステムを採用することにより、工程全般を通じて問題が発生しそうになった段階から適切な対策をとることで、食中毒（微生物、化学物質を含む）や異物などによる被害を未然に防止し、製品の安全確保を図ります。

CCP（重要管理点）の決定

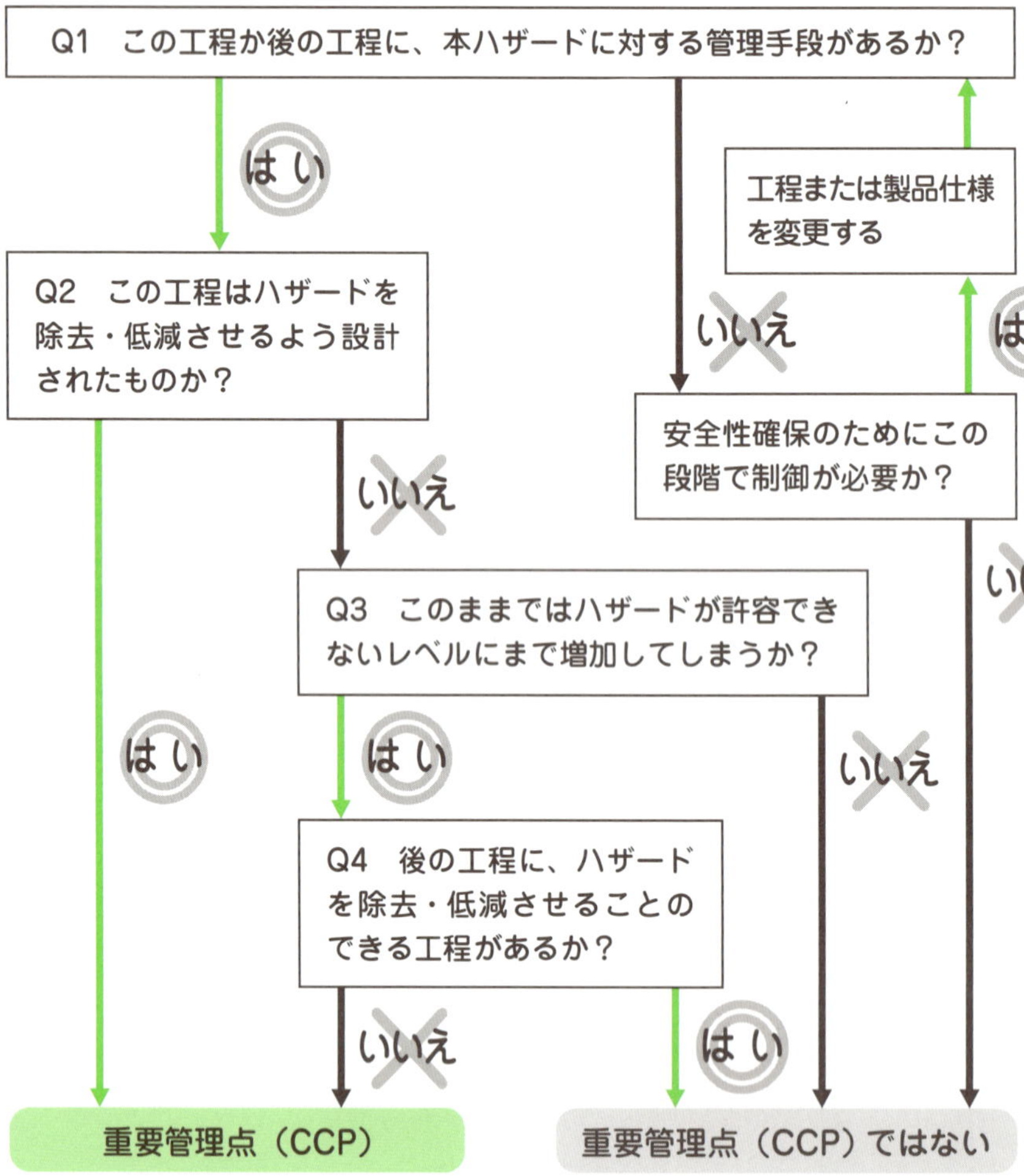

要はCCP（重要管理点）

現在の食品を取り巻く環境は、病原微生物による感染症や食中毒、残留農薬、種々の汚染食品の問題および食用に適さない原材料の食用使用や偽装表示問題、アレルゲンの混入などが頻発し、消費者の食品安全に対する不安・不満は年々高まり、食品事故が起きた際の製造者・流通保管業者・販売者などの責任が厳しく問われるようになってきています。

しかし、安全性上必須であるCCPを厳格に管理し記録するHACCPは、万が一事故を起こした場合でも一定の管理記録をさかのぼることによって、製造された不良品を的確に仕分けすることができます。

HACCP 用語集

● **PRP**(Pre-Requisite Program)

→一般的衛生管理プログラムのカナダ政府での呼称。HACCP システム適用の前提条件プログラム (pre-requisite program) の意味。

● **SOP** (Standard Operating Procedure)

→標準作業手順

● **SSOP** (Sanitation Standard Operating Procedure)

→衛生標準作業手順

● **HA** (Hazard Analysis)

→ハザード分析、危害要因分析

● **CCP** (Critical Control Point)

→重要管理点

● **CL** (Critical Limit)

→管理基準、許容限界

● **一般的衛生管理プログラム**

HACCP を効果的に機能させるための前提となる、食品取扱施設の衛生管理プログラム (SSOPを含む)。

● **HACCP**
(Hazard Analysis and Critical Control Point)

原材料の受入れから、食品を提供するまでの各段階で発生が予想される危害要因を特定し、さらに分析し、その危害要因を制御することのできる場所（工程）や処置方法などそれぞれに対応した管理項目を設定し、また管理基準の監視結果を記録保存することにより、食品の安全を確保しようという衛生管理手法。

● **HACCPプラン**

対象とする食品のプロセス（生産、製造、流通等）において、食品の安全性にかかわる重要な危害要因を管理するための HACCP 適用の原則に従って用意された計画書。

● **HACCPチーム**

HACCP による衛生管理を実施するため、製品についての知識および専門的な技術を持つ者で構成するチームのこと。

● **製造工程一覧図（フローダイアグラム）**

特定の食品（製品）の生産または製造に使用される、一連の段階または取扱いの系統的な表記。

● **危害要因（ハザード）**

健康に悪影響（危害）をもたらす原因となる可能性のある食品中の物質または食品の状態。ハザードともいう。

● **危害要因物質**

食品中に含まれることにより、または条件によって、健康に悪影響を及ぼす可能性のある生物学的、化学的、物理的因子のこと。

● **ハザード（危害要因）分析** (Hazard Analysis)

危害についての情報を収集し、評価することにより原料の生産から消費に至るまでの過程における食品中に含まれる潜在的な危害要因の起こりやすさや重篤性を明らかにし、それぞれの危害要因に対する管理手段を明らかにすること。

● **重要管理点** (CCP : Critical Control Point)

特に厳重に管理する必要があり危害の発生を防止するために、食品中の危害要因を予防もしくは、除去あるいは許容水準にまで低減させるために必須な段階。

● **管理基準** (CL : Critical Limit)

危害要因を管理するうえで許容できるか否かを区別するモニタリング・パラメータの限界。許容限界ともいう。

● **改善措置** (Corrective Action)

CCP におけるモニタリング・パラメータが管理基準を逸脱したときに講ずべき措置。是正措置ともいう。

● **検　証** (Verification)

HACCP プランに従って実施されているかどうか、あるいは修正が必要かどうか判定するための方法、試験検査。

④ ＨＡＣＣＰシステムの基礎となる

一般的衛生管理プログラムとは

HACCPシステム
導入の前に

一般的衛生管理プログラムを作成する

ＨＡＣＣＰは単独では機能しません。まず一般的衛生管理プログラムが実施されていなければなりません。

一般的衛生管理プログラムとは、衛生的（清浄）な製造環境を確保し、良質で安全な食品を提供するための一連の製造管理体制を構築することによりＨＡＣＣＰの導入を容易なものにして、その効果を高めるために前もって整備しておくべき衛生管理の基礎です。

このプログラムを、カナダ政府ではＨＡＣＣＰ適用の前提条件プログラム（ＰＲＰ：Pre-Requisite Program）と呼んでいます。

また、コーデックス委員会（国際食品規格委員会）では、この前提条件プログラムを「食品衛生の一般原則」と位置づけています。

「食品衛生の一般原則」とは

このプログラムは、原材料の生産から施設・設備、機械・器具の保守・衛生管理、食品の衛生的取扱いと管理、従事者の衛生教育と訓練など、食品の衛生管理にかかわる一般的な事項を担っています。これらの項目を作業手順書に基づいて実行し、その結果を記録します。このプログラムを的確に実行できたならば、食品中のハザードは可能な限り少なくなるものと考えられます。

一般的衛生管理プログラムは、コーデックス委員会の「食品衛生の一般原則」を参考にすべきであるという考え方から、これら8要件の内容を詳しくみていきましょう。

また15ページのチェック表（「食品衛生監視票」を基に作成）で、クリアしているかどうか再確認してみましょう。

1．一次生産

食品製造・加工業者（メーカー）が安全で良質な原材料を使用することは、消費者に安全な食品を提供するための基礎的な条件です。そのようなことから、農林水産業者が安全な農林水産物を生産するには、衛生的に脅威となるような環境区域を避け、汚染物質、有害小動物（ねずみ類、衛生害虫等）、その他の動物や植物を媒介とする病原微生物からの汚染を防止し、衛生的な条件を確保しなければなりません。

コーデックス委員会の「食品衛生の一般原則」

1. 一次生産
2. 施設の設計および設備
3. 食品の取扱いおよび管理
4. 施設・設備、機械・器具の保守および衛生管理
5. 食品従事者の衛生管理
6. 食品の搬送
7. 製品の情報および消費者の意識
8. 食品従事者の教育・訓練

キーポイント

メーカーとしては使用原材料の生産現場を見に行こう、生産者と語り合おう、トレーサビリティ、輸送方法も勉強しよう、常に温度と時間をわすれないように。

2. 施設の設計・設備

施設の設備や装置は、汚染を最小限にするように設計・配置され、しかも耐久性があり、適切な保守管理や洗浄・消毒が可能で、食品と接触する部分が無害であることが求められます。

また、設備は温度・湿度や、その他の管理要件に対して安定していると同時に、有害小動物の侵入を防ぎ、棲みかにならないような効果的な防御が必要です。

キーポイント

施設内が清潔で整理・整とんされているか、無理なゾーニング（配置）はしていないか、水はけはよいか、湿度は適正か、終業後、暗くした後の施設内を見たことがあるか（ねずみ類、衛生害虫等の出現など）、設備・装置や機械・器具の洗浄・消毒ならびにメンテナンスは確実か、汚水枡や側溝はねずみ類、衛生害虫等の侵入を防ぐ構造か、空調の風の流れは製品から原材料に向かって流れているか、空気取入れ口や吹出し口は汚れが付着しにくい構造か、照明は適切か、冷凍・冷蔵庫の温度は適切か。

3. 食品の取扱い・管理

食品の取扱いと管理を考えるにあたっては、予防的な観点からの作業手順によって、危害要因を工程の適正な箇所で管理し、安全性を欠いた食品を提供することのリスクを低減させ、それを保証することが必要です。

そのために、「農場から食卓」に至る間の各ステップでの事業者は、それぞれの食品の取扱いについて、適正な原材料を使い、適切に製造・加工して出荷させるための一連の工程管理手順を設計し、効果的な管理システムによってモニタリングし、そしてレビュー（有効性を見直す）することが求められています。

キーポイント

○原材料では、原材料の外装確認、温度と時間確認、出荷元確認、泥付きか確認。
○製造加工現場では、製品説明書確認、ハザードリスト（危害要因リスト）確認、製造工程一覧図確認、ＣＣＰとＣＬおよびモニタリング方法の確認、文書化および記録化、回収手順の作成。
○流通販売現場では、外装確

認、出荷元確認、製品の日付表示確認、温度と時間確認、製品説明書確認、期限表示確認、ハザードリスト確認。

4. 施設の保守と衛生管理

施設や装置については、適切かつ確実な保守管理や洗浄、有害小動物の管理、廃棄物処理を行い、それらの効果をモニタリングすることにより食品の汚染要因を除去します。

洗浄・消毒に用いる薬剤等は食品とは区別し、明確に表示した容器に保管します。

以上の点については、あらかじめ作業担当者、作業内容、実施頻度、実施状況の点検や記録の方法などを文書化した標準作業手順書（SOP）を作成して、それにより実施します。

キーポイント

食品と接触する装置・機械・器具の分解、洗浄・消毒は手順書どおり適切に行われ記録したか、実施頻度や洗浄が適切だったか否かを確認したか、消毒剤等の管理は手順書どおり適切に行われ記録したか。

5. 食品従事者の衛生管理

不潔な人、病気の人、健康保菌者、衛生上不適切な行動をとる人（なにげなく不適切な行動をとっているので気がつかない人を含む）は、食品を汚染させる危険な存在です。

したがって、食品と直接的あるいは間接的に接触する食品取扱者は、健康で高い清潔度を維持して決められたマナーを守らなければなりません。

キーポイント

発熱・下痢・嘔吐等の症状はないか、手指に傷がないか、検便を定期的に受けているか、ノロウイルス高汚染が考えられる食品を食べていないか、清潔な下着・作業着・帽子・長靴を身につけたか、ポケットに何か入れていないか、適切な手洗いをしたか、指輪、腕時計、ブレスレット、ネックレス、つけ爪、イヤリング・ピアス類（耳・鼻・唇ピアスその他）をはずしたか。

6. 食品の搬送

食品の搬送に使用する車輌や容器は、病原微生物や腐敗微生物で食品が汚染されないように設計され、常に清潔で容易に洗浄・消毒できるような構造でなければなりません。

キーポイント

食品運搬専用車か、貨物室は洗浄・消毒され乾燥しているか、不適切な臭気がないか、食品以外の貨物と混載していないか、冷蔵・冷凍車の温度は適切か、冷風送風口を妨害していないか、貨物量は適切か、貨物室内の温度を経時的に測定・記録しているか、先入れ先出しを励行しているか。

7. 製品の情報と消費者の意識

製品には販売者や消費者に対して、適正な取扱いができる情報や管理、調理、陳列に関する情報、さらにはロットやバッチの判定が容易にできる情報を提供することが求められています。

一方、消費者にはこれらの情報を正しく理解し、病原微生物の汚染や増殖・生残についての食品衛生上の十分な知識を持っていることが求められています。

キーポイント

消費者用製品説明書を準備したか、製品包装にロットやバッチが印字されているか、消費者用ハザードリストを作成しているか、期限表示ならびに保存温度と期間をわかりやすく明示しているか。

8. 食品従事者の教育・訓練

食品と直接的・間接的にかかわりのある者は、食品衛生について適切な研修を受けるなど、常に教育・訓練を続けるとともに、その効果を定期的に評価することが求められています。

キーポイント

食品衛生研修を定期的に受けているか、ＨＡＣＣＰ研修を受けているか、食品衛生に関連する問題を、テレビ・新聞・雑誌等で見ているか。

いますぐ チェックしてみましょう！

施設の構造等

1. 施設は適切な位置にあり、使用目的に適した大きさおよび構造ですか。 □
2. 床、壁、天井は、掃除しやすい構造・材質ですか。施設内の採光、照明および換気は十分ですか。 □
3. 施設内に適当な手洗い設備およびその他の洗浄設備がありますか。 □
4. 食品を取り扱う場所の範囲は清掃しやすい構造で、かつ適当な勾配があり、適切に排水できますか。 □

食品取扱設備・機械器具

5. 食品の種類およびその取扱方法に応じて十分な大きさおよび数の設備、機械器具がありますか。 □
6. 動かしがたい設備、機械器具は、食品の移動を最小限度にするよう適当な場所に配置されていますか。 □
7. 設備、機械器具は、容易に清掃できる構造ですか。 □
8. 機械器具を衛生的に保管する設備がありますか。 □
9. 機械器具は常に適正に使用できるよう整備されていますか。 □
10. 食品を加熱、冷却または保管するための設備は、適当な温度または圧力の調節設備があり、かつ常に使用できる状態に整備されていますか。 □

給水および汚物処理

11. 給水設備は適当な位置および構造で、食品製造用水を供給できますか。使用水の管理は適切に行われていますか。 □
12. 便所は衛生的な構造で、常に清潔に管理されていますか。 □
13. 廃棄物および排水は適切に処理されていますか。廃棄物の保管場所は、適切に管理されていますか。 □

管理運営

14. 施設およびその周辺が、定期的な清掃等により、衛生的に維持されていますか。 □
15. そ族および昆虫の繁殖場所の排除、施設内への侵入を防止する措置（駆除を含む）を講じていますか。 □
16. 食品は、相互汚染や使用期限切れ等がないよう適切に保存されていますか。弁当屋、仕出し屋にあっては検食を保存していますか。□
17. 未加熱または未加工の食品とそのまま摂取される食品を区別して取り扱い、設備、機械器具または食品取扱者を介した食品の相互汚染を防止していますか。 □
18. 食品を、その特性に応じ、適切な温度で調理・加工していますか。 □
19. 施設設備および機械器具の清掃、洗浄および消毒を適切に行っていますか。 □
20. 食品衛生管理者または食品衛生責任者を定めていますか。 □
21. 施設および食品の取り扱い等に係る衛生上の管理運営要領を作成し、食品取扱者および関係者に周知徹底していますか。 □
22. 科学的・合理的根拠に基づき、期限表示を適切に行っていますか。 □

食品取扱者

23. 下痢、腹痛等の症状を呈している食品取扱者を把握し、適切な措置を講じていますか。 □
24. 食品取扱者は、衛生的な服装等をしていますか。帽子、マスクを着用していますか。□
25. 食品取扱者は、作業前、用便直後に手指の洗浄・消毒を行い、手または食品を取り扱う器具で髪、鼻、または耳に触れるなど不適切な行動をしていませんか。 □

《「食品衛生監視票について」平成16年4月1日食安発第0401001号より》

⑤まずは一般的衛生管理プログラムの実行から

ルール化して手順書を作成する

コーデックス委員会の「食品衛生の一般原則」に示したように、一般的衛生管理プログラムは、食品の取扱い方法が、安全で良質な製品を製造・加工、あるいは保管するにふさわしいものにするための一連の管理事項です。それは、原材料の受入れから加工を経て、出荷に至る間の具体的な食品の製造・加工方法のみならず、清浄な製造環境を確保するために必要な施設全体としてのサニテーション管理の仕方、教育訓練、サプライヤー・コントロール、トレーサビリティ・回収、品質保証体制など、極めて広範な事項です。

食品等事業者としては、それらのすべてについて、不十分な事項があれば改善するとともに、さらに順次良好なレベルにアップさせることが必要です。

そのためには、まず一般的衛生管理事項の各事項について順次社内ルールを決め、誰もが共有できるように標準作業手順書（SOP：Standard Operating Procedure）を作らなくてはなりません。

SOP（標準作業手順書）を作成する

一般的衛生管理プログラムの手順書を作る前に、まず従事者の出勤してからの全行動を把握しましょう（各担当従事者全員に書いてもらいましょう）。それから、SOPを作成します。

　具体例として、19ページの【和菓子製造業・Aさんの場合】を参考にしてください。1はSOPの例です。作業工程における食品の取扱いおよび管理がひととおり盛り込まれていますので、SOPはこれを基に作成するとよいでしょう。そのあと、作成したSOPを業務経験の浅い現場従事者に見せ、SOPどおりの作業をさせてみて、その人ができれば合格です。

サニテーション管理

　HACCPは一般的衛生管理プログラムが基礎となって成り立つ工程管理システムであり、原材料の受入れ時確認、十分な加熱、迅速な冷却、金属探知機による金属片の排除などについて、特に厳重な管理を行おうとするものです。しかし、いくら工程管理が優れていても、製造環境そのものが汚染されていてはなんにもなりません。たとえば、加熱後の食品であっても、包装段階での二次汚染・交差汚染があれば、製品の安全性が損なわれてしまうからです。すなわち、HACCPには、十分なサニテーション管理が前提であり、必須であるといえます。

　そのようなことから、それぞれの施設の実態に合わせて、食品のみならず、施設・器具類、包装資材に対する病原微生物や工場内で使用される薬品類による汚染を防止するための対策を講じておかなくてはなりません。このような「汚染防止対策」についての手順書を、特に衛生標準作業手順書（SSOP：Sanitation SOP）と呼んでいます。

●サニテーション管理（8分野）※

①使用水（水と氷）の衛生
②食品が接触する表面（器具・手袋・作業着を含む）の状態と清潔
③交差汚染／二次汚染の防止（アレルゲンを含む）
④手洗い、消毒設備およびトイレ設備の維持
⑤汚染物質（潤滑油・燃油・殺虫剤・洗剤・消毒剤・結露ならびにその他の化学的、物理的および生物的汚染物質）からの食品の保護
⑥化学薬品の適正な取扱い（表示、保管、使用）
⑦従業員の健康管理
⑧有害動物（ねずみ類・昆虫、鳥）の駆除

※米国FDAおよびUSDAのHACCP規則ではこの8分野をSSOPとして日常的なモニタリングを行うよう規定している。

　和菓子製造業のAさんの場合、朝の入室とぼた餅製造過程の一部についての手順書を示したのが次の2ページです。入室に係るSSOPと製造工程に係るSOPです。特に、⑧から⑫の過程については、SSOPも示してあります。

2

【作業工程】

作業工程（製造工程）⑧〜⑫

⑧ 米を蒸かしている時間に、ボウルに水道水を半分くらい入れ作業台に置く。その水を手につけ、餡製造専門業者から届いた餡を 40ｇずつまるめておく。

↓

⑨ 米が蒸けたらステンレスボウルに移し、800cc の熱湯と塩５ｇを入れ、木べらと手を使って手早くかき混ぜる。かき混ぜたらラップをかけて 20 分間休ませる。

↓

⑩ ふきんに包んで、少し粘りの出た状態になるまで軽く手でこねる。

↓

⑪ 手に水をつけ、粘りの出たもち米の生地を 25g ほどの大きさにちぎり、俵型にまとめる。

↓

⑫ 手に水をつけ、まるめた餡を手のひらで軽くつぶし、その上に俵型のもち米の生地をのせて包んで完成する。

SSOP

❶ 手水用ボウルは清潔で乾燥したステンレス製のものを用い、水道水を蛇口から直接ボウルにとり清潔な作業台に置く。

❷ 餡に触れる前に手指を微温湯でよく洗う。手のひらに洗浄剤をつけ、両手をこすりながら指のつけ根、爪の周囲、手首、二の腕・肘あたりまでよく洗う。

❸ 流水でよく洗い流したあと、ペーパータオルで水分をよくふきとる。

❹ アルコールを噴霧し、指のつけ根、爪の周囲、手首まですり込みながら乾燥させ、使い捨て手袋を着用する。

❺ 餡をまるめる作業につく。

❻ 餡を40ｇずつまるめ終えたら水を捨て、ボウルを洗い乾燥させる。

❶ 手水用ボウルは清潔で乾燥したステンレス製のものを用い、水道水を蛇口から直接ボウルにとり清潔な作業台に置く。

❷ 餡に触れる前に手指を微温湯でよく洗う。手のひらに洗浄剤をつけ、両手をこすりながら指のつけ根、爪の周囲、手首、二の腕・肘あたりまでよく洗う。

❸ 流水でよく洗い流したあと、ペーパータオルで水分をよくふきとる。

❹ アルコールを噴霧し、指のつけ根、爪の周囲、手首まですり込みながら乾燥させ、使い捨て手袋を着用する。

※必ず手を洗う直前に記録することを忘れないようにしましょう。

和菓子製造業・A さんの場合

1

【 作業工程における食品の取扱いおよび管理 】

〈入室に係る SSOP〉

① ロッカールームに行き下履きを下段にしまい、上段にある上履きに履き替える。腕時計、指輪、イヤリング、髪飾りなどをはずし、バッグにしまう。

↓

② 私服から清潔な作業着に着替え、清潔な帽子を被る。そのとき、髪の毛が帽子にスッポリ入るように被る。次に新しいマスクをつける。

↓

③ 体毛が作業着の袖から落ちないよう腕部のバンドおよび手首の締まり具合を調整する。

↓

④ 作業室前室で上履きから作業靴に履き替える。

↓

⑤ 毛髪除去ローラーをホルダーからとり、念入りにローラーがけを行い、ローラー紙を一皮はぎ取り元へ戻す。

↓

⑥ 微温湯で手を洗う。手のひらに洗浄剤をつけ、両手をこすりながら指のつけ根、爪の周囲、手首、二の腕・肘あたりまでよく洗う。
次に、よく洗い流したあと、ペーパータオルで水分をよくふきとる。そのあと、アルコールを噴霧し指のつけ根、爪の周囲、手首まですり込みながら乾燥させる。

↓

↓

〈製造工程に係る SOP〉

⑦ 専用の前掛けをかけたあと、手洗いする。一晩つけておいた米（もち米 800ｇ：うるち米 200ｇの割合）は水を切り、ふきんを敷いたせいろに入れる。次に、そのせいろを蒸かし器に入れガスコンロにかける。次にガスの元栓を開け、さらにガスコンロの栓を開け、点火ライターで火をつける。火力を最大にした状態で蒸かし器で 40 分間蒸かす。

↓

⑧ 米を蒸かしている時間に、ボウルに水道水を半分くらい入れ作業台に置く。その水を手につけ、餡製造専門業者から届いた餡を 40ｇずつまるめておく。

↓

⑨ 米が蒸けたらステンレスボウルに移し、800cc の熱湯と塩 5ｇを入れ、木べらと手を使って手早くかき混ぜる。かき混ぜたらラップをかけて 20 分間休ませる。

↓

⑩ ふきんに包んで、少し粘りの出た状態になるまで軽く手でこねる。

↓

⑪ 手に水をつけ、粘りの出たもち米の生地を 25g ほどの大きさにちぎり、俵型にまとめる。

↓

⑫ 手に水をつけ、まるめた餡を手のひらで軽くつぶし、その上に俵型のもち米の生地をのせて包んで完成する。

↓

※これから、次つぎと和菓子の製造が入ります。また、後片づけや容器・器具器材の洗浄・乾燥などがありますが、ここでは割愛します。

手順書（マニュアル）の作り方

わかりやすく簡潔に

一般的衛生管理プログラム（SSOPも含めて）を効果的かつ効率的に実施していくためには、あらかじめ「いつ・どこで・誰が・何の目的で何を・どのようにすべきか」を明らかに示した手順書（マニュアル）を作っておく必要があります。

作業の内容を簡潔な文章で箇条書きにし、重要な項目はイラストなどを用いて、視覚的に誰にでもわかるように記載することが必要です。

一例として、「手洗いマニュアル」、「従事者の衛生管理マニュアル」、「冷蔵庫マニュアル」を紹介します。これらの他にも、必要に応じて入室手順や調理台、次のような調理器具・用品のマニュアルを設定します。

●まな板、包丁、へら等の衛生マニュアル

①食品製造用水（40℃程度の微温水が望ましい）で3回水洗いする。

②スポンジタワシに中性洗剤または弱アルカリ性洗剤をつけてよく洗浄する。

③食品製造用水（40℃程度の微温水が望ましい）でよく洗剤を洗い流す。

④80℃（ふきん・タオル等は100℃）で5分間以上加熱またはこれと同等の効果を有する方法※で殺菌を行う。

⑤よく乾燥させる。

⑥清潔な保管庫にて保管する。

※大型のまな板やざる等、十分な洗浄が困難な器具については、亜塩素酸水または次亜塩素酸ナトリウム等の塩素系消毒剤に浸漬するなどして消毒を行うこと。

衛生的な手洗い

爪ブラシは不衛生な取扱いにより細菌が増殖し、二次汚染の原因となってしまう場合があります。爪ブラシを使用する場合は十分な数をそろえ、適宜消毒するなど衛生的な取扱いが必要です。

1
流水で手を洗う

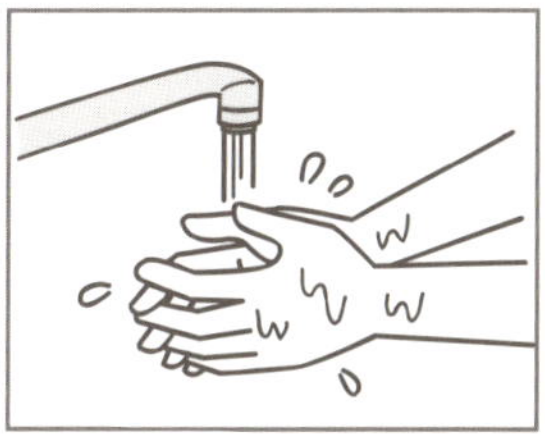

2
洗浄剤を手に取る
（両手を洗うのに十分な量を取る）

3
手のひら、指の腹面を洗う

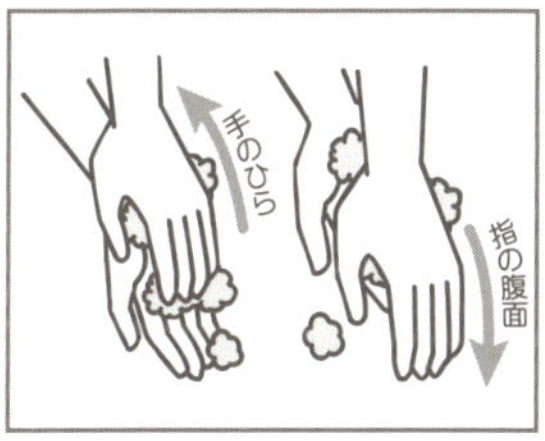

4
手の甲、指の背を洗う

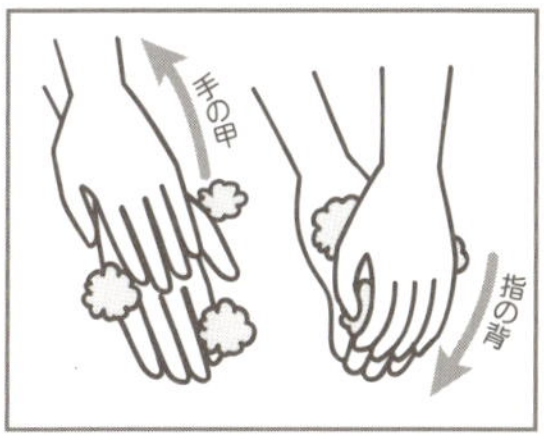

5
指の間（側面）、股（付け根）を洗う

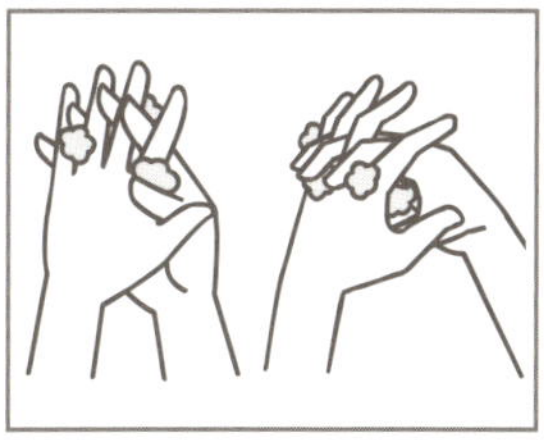

6
親指と親指の付け根のふくらんだ部分を洗う

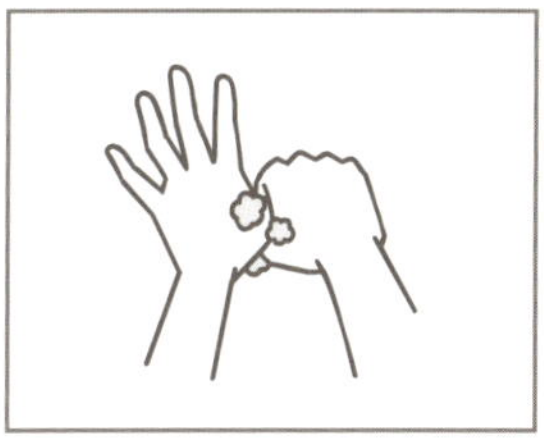

7
指先を洗う

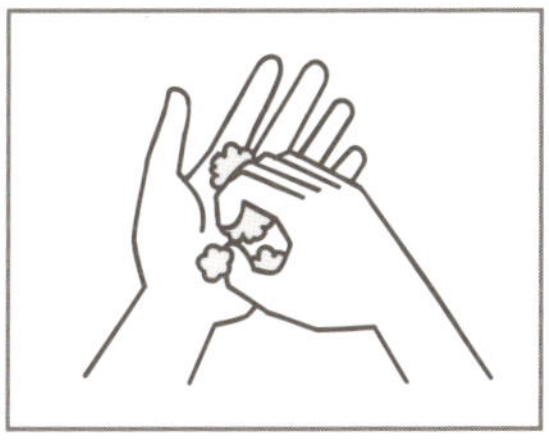

8
手首を洗う
（内側・側面・外側）

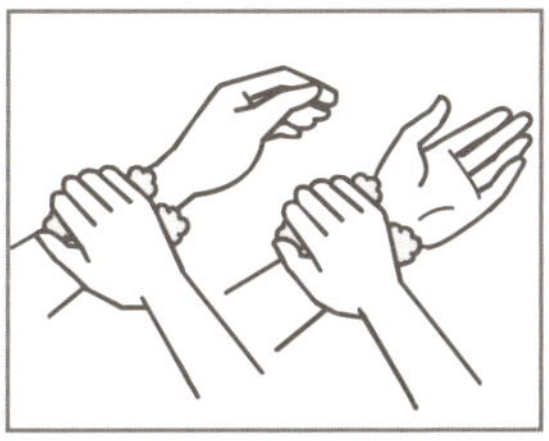

9
洗浄剤を十分な流水でよく洗い流す

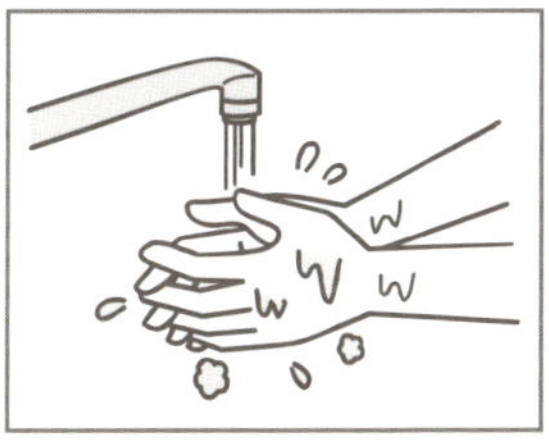

10
手をふき乾燥させる
（タオル等の共用はしないこと）

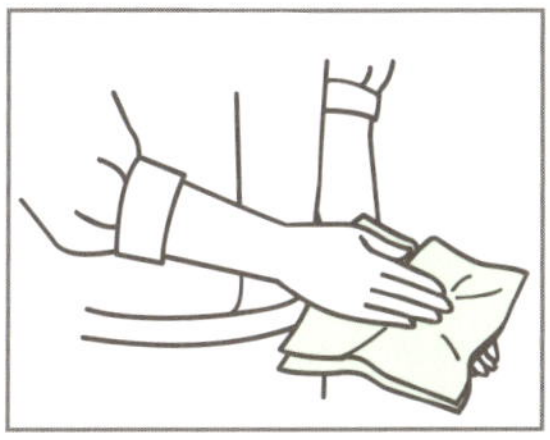

11
アルコールによる消毒
（爪下・爪周辺に直接かけた後、手指全体によく擦り込む）

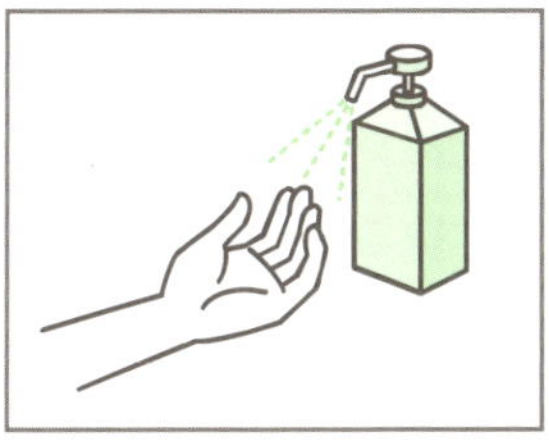

2度洗いが効果的です！
（2～9までをくり返す）
2回洗いで菌やウイルスを洗い流しましょう。

従事者の衛生管理点検表

天　気（　　　　　）

年　　月　　日　　時　　分

営業者	衛生管理者	点検者

	氏　名	服装	帽子	毛髪	マスク	履物	体調	化膿傷	爪	指輪など	手洗い
1											
2											
3											
4											
5											
6											
7											
20											
21											
22											
23											
24											
25											

	チェックポイント	採点	改善すべき事項
1	下痢、腹痛、発熱、嘔吐の症状はないか		
2	時計、指輪、イヤリング等ははずしているか		
3	香水等のニオイはないか		
4	帽子から毛髪等がはみ出ていないか		
5	ホコリ、毛髪等は除去できているか		
6	ローラーのペーパーは交換しているか		
7	衣服、帽子に乱れ・汚れ、付着物はないか		
8	作業靴は清潔か		
9	粘着マットを通過したか		
10	手指に傷等はないか		
11	爪は短く切っているか		
12	マニュアルに従って手洗い、消毒したか		
13	入室・衛生点検の結果を記録したか		

採点　◎：良好　×：不良

〈改良事項の進言〉

〈処理状況〉

いつも清潔な作業着で!!
O.K.!!
作業中はマスクを
忘れずに。
毛髪が帽子から
出ていませんか？
爪は短く切って
ありますか？
作業場専用の履物を
使っていますか？
正しい手洗いしてますか？
作業中は指輪や
マニキュアを
取りましょう。
一服するときは
作業着を脱いで。

冷蔵庫マニュアル（一例）

食品の取扱い

- 加熱食品は、冷風やブラストチラー※などで急速に冷却後、庫内保管すること
- 食品を詰めすぎないこと

> ⚠ 庫内の容積の 70％を目安とする

- 生食用食材や半製品の混載は、交差汚染の原因となるので避けること

> ⚠ 冷蔵庫が 1 台の場合、上段に生食用食材、中段に半製品、下段に生鮮食材を置く。それぞれ容器あるいはラップで包装し、二次汚染の防止を図ること

清潔保持

- 取っ手をアルコール噴霧、清拭し記録すること
- 床面・壁・棚・引き出し・取っ手などを清浄、清拭し記録すること

> ⚠ 休日等に必ず実施すること

保守・点検

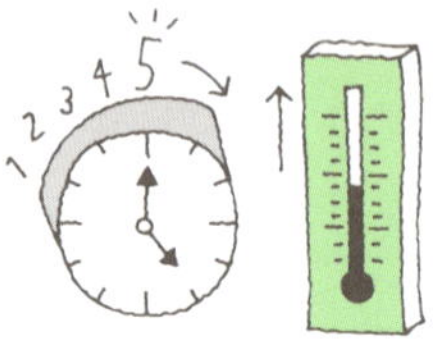

- 庫内温度が５時間以上にわたって規定温度より上昇した場合は、パッキングの破損状態、詰め込みすぎなどの確認をする。原因不明のときは直ちに専門業者に連絡すること

> ⚠ 定期点検の実施、故障時の連絡先を掲示

温度管理

- 庫内温度を計測し、記録する

> ⚠ 自動庫内温度計測機能や庫内温度の上昇を知らせる機能を備えていると、管理者の負担が軽減する

※ 清浄な冷風で食品を急速冷却する装置

⑥ HACCPを導入しよう

12手順と7原則

まず、プランづくりから

ＨＡＣＣＰは、コーデックス委員会の「ＨＡＣＣＰおよびその適用のガイドライン」に掲げられている12手順に従ってハザード（危害要因）分析を行い、その結果に基づいて重要管理点（ＣＣＰ）を決定して、ＨＡＣＣＰプランを作成します。

このプランにより、最終製品に健康を損なうようなハザードが残らないようにする衛生管理手法がＨＡＣＣＰです。

12手順は、作業を推進するＨＡＣＣＰチームの編成に始まり、現場の確認に至る5つの手順からなるハザード分析のための前段階と、ハザード分析から記録までの「7原則」から構成されています。

次ページから、ＨＡＣＣＰ導入についての、具体的な流れを説明します。

START!!

手順1 HACCP チームの編成

チームは HACCP を構築・実施し、内部、外部からの査察への対応、システムの維持管理、見直しなどの作業を行います。
構成メンバーは、製造、品質、工務など各部門から任命します。また、外部から学識経験者を招へいすることも賢明なことです。

▼

手順2 製品についての記述

衛生管理を行うにあたって、まずどんな食品が対象になるかを明確にしておかなければなりません。そして、対象品目の製品説明書を作ります。

具体的には、最終製品について、製品の名称および種類、原材料に関する事項、添加物の名称と使用量、包装の形態、保存方法、消費期限または賞味期限、製品のハザード管理のための社内基準（必要に応じて法的規格・基準の場合もある）、喫食や利用の方法、対象となる消費者を記載します。アレルゲンを含む食品の場合は、その旨も記載します。

▼

手順3 使用についての記述

ハザードの発生する可能性を検討するためには、製品が誰に、どのように使用されるかを明確にしなければなりません。消費者がそのまま食べるのか、加熱してから食べるのかを予測の範囲で明らかにします。

対象となる利用者が一般消費者なのか、病人や乳幼児・老人なのか、あるいはアレルギー体質の人が含まれるのかを明確にしなくてはなりません。

▼

手順4 製造工程一覧図（フローダイアグラム）の作成

ハザード分析を容易かつ正確に行うためには、まずハザード分析に先立ち、必要な情報やデータの収集、従事者から作業内容をよく聞く必要があります。

そのうえで、原材料の受入れから最終製品の出荷に至る一連の製造や加工工程について、流れに沿って各工程の作業内容がわかるようなフローダイアグラムを作成します。このときに、各従業員の作業内容を克明に書いてもらうと、のちにそれが標準作業手順書（SOP）や衛生標準作業手順書（SSOP）の土台になるので便利です。

▼

手順5 現場確認

ＨＡＣＣＰチームのメンバーで操業中の施設を巡回し、詳しく観察して、手順４で作成した製造工程一覧図に示されている内容が、現場で正しく反映されているかを確認します。相違点があれば、工程図の修正をします。

▼

手順6 原則１ ハザード分析：ハザードリストの作成

ハザード分析とは、ＨＡＣＣＰプランにより管理されるべきハザードを決定するとともに、各々のハザードに対する制御方法を明らかにすることです。

それには、まず原材料から製造加工・保管・流通を経て消費に至るまでの全過程において、発生する可能性のある潜在的なハザードとその発生条件などについての情報を収集し、ハザードの起こりやすさと起きた場合の被害の重大性を把握しておかなければなりません。

したがって、ハザード分析で実際に行うことは、原材料の受入れから出荷に至る各工程で重大となるハザードを抽出し、それらに対する管理手段を設定することです。

▼

▼

手順7 原則2 **重要管理点（CCP：critical control point）の決定**

ＣＣＰとは、食品からハザードを除去あるいは低減させるために、その施設として不可欠の工程のことです。したがって、むやみに各工程をＣＣＰにすると、むだな労力をそれらモニタリングなどに費やすことになり、肝心なＣＣＰの監視がおろそかになる可能性があるので、多くても数カ所くらいが妥当かと思われます。

▼

手順8 原則3 **管理基準（ＣＬ：critical limit）の決定**

ＣＬとはハザードを管理するうえで許容できるか否かを区別するモニタリング・パラメータ（監視すべき指標・数値）の基準です。たとえば、生乳中に存在する可能性のある病原菌を加熱によって制御しようとする場合に、殺菌条件を63℃・30分間より緩い条件で加熱した場合は病原菌が生き残る可能性があります。

このように製品の安全性を確保できるかできないかの境目のモニタリング・パラメータの値（限界値）をＣＬといいます。もし、ＣＬが誤って設定されているとハザードの発生に結びつくので、科学的なデータに基づき正しく設定されなければなりません。

実際の製造加工施設では、ＣＬを逸脱すると、即、安全性の損なわれている可能性があるとして、出荷を見合わせることになってしまうので、ＣＬよりもっと厳しい基準値（ＯＬ：operation limit）を設定して管理しています。

▼

手順9 原則4 **モニタリング方法の設定**

モニタリングとは、ＣＣＰで決めたＣＬが正しく管理されていることを確認するために考案したモニタリング・パラメータがＣＬから逸脱したかどうかを確認するとともに、あとで実施する検証の際に必要な記録をつけるために、観察か計測を行うことです。

▼

手順10 原則5 **改善措置の決定**

改善措置とは、モニタリング・パラメータがＣＬから逸脱した際にとるべき措置を行い、記録することをいいます。したがって、ＨＡＣＣＰプランには、ＣＬを逸脱した工程の管理状態を正常に戻すための措置と問題となっている製品に対する処分の仕方の両方について規定しておかなければなりません。

▼

手順11 原則6 **検証方法の設定**

検証とは、ＨＡＣＣＰがＨＡＣＣＰプランに従って実施されているかどうか、ＨＡＣＣＰプランに修正が必要かどうかを判定するために行われる方法、手続き、試験検査をいいます。

検証方法には内部検証と外部検証とがあります。内部検証とは、施設自らがＨＡＣＣＰプランの検証作業を行うことです。外部検証とは、検証に客観性を持たせるために当該施設以外の第三者によってＨＡＣＣＰプランの検証作業を行ってもらうことです。

▼

手順12 原則7 **記録と保存方法の設定**

ＨＡＣＣＰの重要な特徴は、正確な記録をつけ保存することにあります。

記録に含まれる情報は、自主管理の貴重な証拠となるだけでなく、万が一、食品の安全性にかかわる問題が発生した場合でも、製造または衛生管理の状況をさかのぼって調べることができるため、必要なすべてのロットを特定し回収することができます。

GOAL!!

⑦ 実践！HACCPに沿った衛生管理《導入のポイント》

事業形態別にみる導入のポイント

HACCPに沿った衛生管理の制度化

食品工場でも飲食店でも販売店でも、HACCPの基本となる一般的衛生管理の内容はほぼ同じです。それは工場でも厨房でも整理・整とん・清掃・清潔といった基本は同じだからです。

HACCPに沿った衛生管理の制度化では、食品等事業者は、一般的衛生管理に加え、その規模等により、次のいずれかの取組を行うこととされています。

●食品衛生上の危害の発生を防止するために特に重要な工程を管理するための取組（HACCPに基づく衛生管理）

食品等事業者自らがコーデックスHACCPの7原則（12手順）を実践し、その内容を踏まえたうえで衛生管理計画を作成し、その計画に沿って実施した内容を記録する。

●取り扱う食品の特性に応じた取組（HACCPの考え方を取り入れた衛生管理）

小規模事業者等は、食品等事業者団体が作成する※手引書も参考にしながら、一般的衛生管理を基本とし、必要に応じて重要管理点を設けてHACCPの考え方を取り入れた衛生管理を行う。

ここでは、飲食店、販売業、製造業ごとにHACCPに沿った衛生管理の導入のポイントについて説明します。はじめに飲食店については、日本食品衛生協会が作成した手引書（小規模な一般飲食店事業者向け）を参考にみてみましょう。

※食品等事業者団体が作成したHACCPに沿った衛生管理の業種別手引書が厚生労働省ホームページで公開されています。
https://www.mhlw.go.jp/stf/seisakunitsuite/bunya/0000179028.html

飲食店の HACCPの考え方を取り入れた衛生管理

実施することは次の３つです。この手順に従って実施します。

① 衛生管理計画を作成する　② 作成した計画を実行する　③ 実施したことを確認・記録する

① 衛生管理計画を作成する

衛生管理計画は一般的衛生管理のポイントと重要管理のポイントから構成されます。

計画１：一般的衛生管理のポイントをまとめる

日頃から調理場で行っていることを右記の一般的衛生管理のポイントに照らし合わせながら、「なぜ必要なのか」を理解し、「いつ」･「どのように」行い、「問題があったときはどうするか」の対応を決めます。

一般的衛生管理のポイント

原材料の取扱い

- 原材料の受入の確認
- 冷蔵・冷凍庫の温度の確認

施設・店舗の清潔維持

- 交差汚染・二次汚染の防止
- 器具等の洗浄・消毒・殺菌
- トイレの洗浄・消毒

従業員の健康・衛生

- 従業員の健康管理・衛生的作業着の着用など
- 衛生的な手洗いの実施

（例）冷蔵・冷凍庫の温度の確認

なぜ必要なのか

温度管理が悪かった場合には、有害な微生物が増殖したり、食品の品質が劣化したりする可能性があります。

いつ

例）始業前

どのように

例）温度計で庫内温度を確認する。
（冷蔵：10℃以下、冷凍：－15℃以下）

問題があったときはどうするか

例）温度異常の原因を確認し、設定温度の再調整、あるいは故障の場合はメーカー修理を依頼する。食材の状態に応じて使用しない、または加熱して提供する。

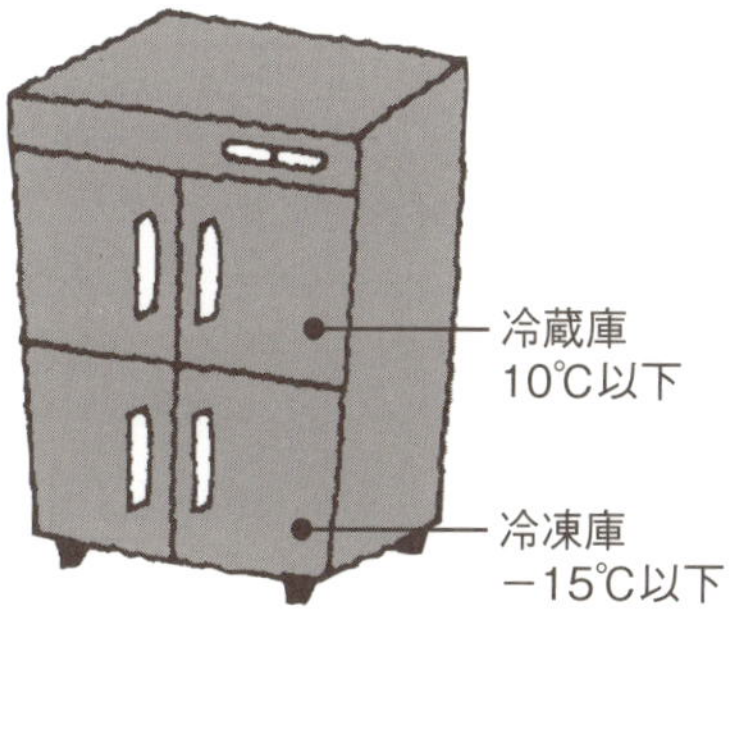

計画 2：重要管理のポイントをまとめる

食中毒の原因となる微生物は 10 ～ 60℃の間で増殖しやすいため、この温度帯を速やかに通過させることが重要になります。そこで、調理中の温度の変化に着目して、加熱・冷却・低温保管等の温度管理が必要なメニューを３つのグループに分類し、調理方法に応じてチェック方法を決めます（表１）。

表１　グループ別の料理のチェック方法

	分　類	メニュー例	チェック方法例
第1グループ	非加熱のもの（冷蔵品を冷たいまま提供）	刺身、冷奴	冷蔵庫から出したらすぐに提供、冷蔵庫の温度等
第2グループ	加熱するもの（冷蔵品を加熱し、熱いまま提供）	ハンバーグ、焼き魚、焼き鳥、唐揚げ	火の強さや時間、見た目、肉汁の色、焼き上がりの触感（弾力）、中心部の温度等
	（加熱後、高温保管）	唐揚げ、ライス	触感、見た目、高温保管庫の温度等
第3グループ	加熱後冷却し、再加熱するもの	カレー、スープ	加熱後速やかに冷却、再加熱時には気泡、見た目、温度等
	（加熱後、冷却するもの）	ポテトサラダ	加熱後速やかに冷却、冷蔵庫から出したらすぐに提供、冷蔵庫の温度等

食品の中心温度を確認する

できれば定期的に食品の中心温度の確認を実施し、有害な微生物が殺菌できる温度まで加熱できているかどうかの確認を行いましょう。

例）とんかつ、海老フライ、天ぷら、鶏の唐揚げといったフライヤーで調理するメニューをまとめて温度確認する場合

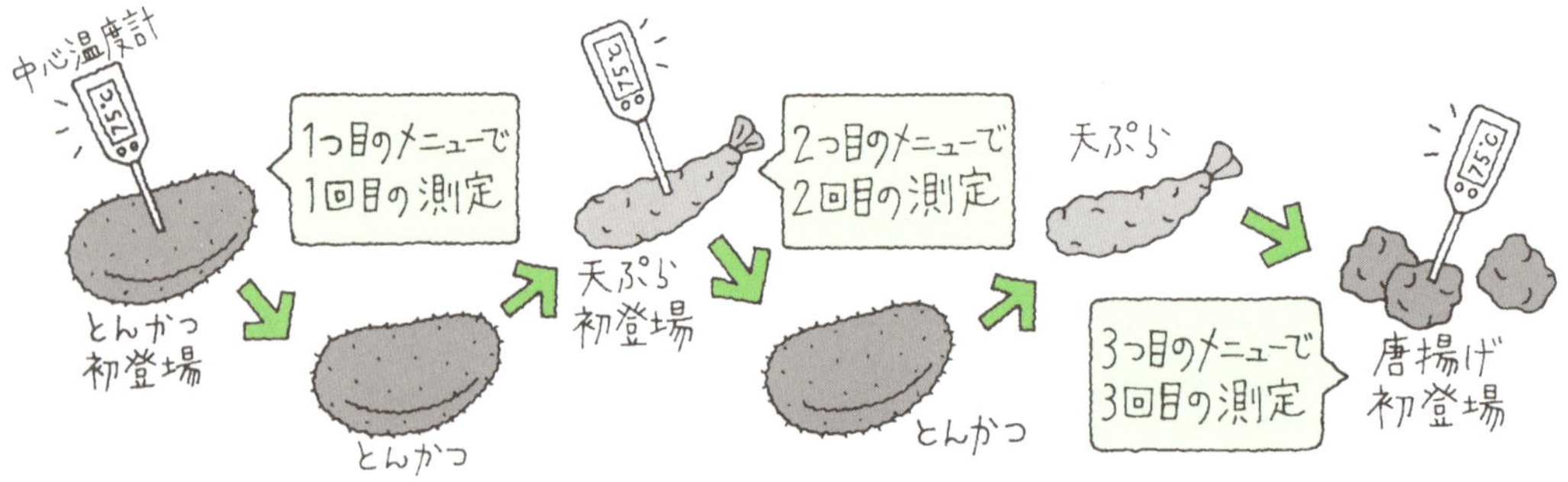

② 作成した計画を実行する

①の計画に従って、日々の衛生管理を行います。

③ 実施したことを確認・記録する

1日の最後などに実行した結果を記録します（表2）。問題があった場合には、その内容を記録用紙に書き留めておきます。これらの記録は1年間程度は保管します。

保健所の食品衛生監視員から提示を求められた場合は速やかに対応します。

保健所等へ速やかに報告する

- ▶消費者からの健康被害や食品衛生法に違反する食品等に関する情報
- ▶消費者等から、異味・異臭の発生、異物混入等の苦情で、健康被害につながるおそれがあるものを受けた場合

記録を振り返る

- ▶定期的（1か月など）に記録を振り返り、同じような問題が発生している場合には対応を検討する

表2　一般的衛生管理と重要管理の実施記録（例）

20XX年　4月　**一般的衛生管理の実施記録（記載例）**

分類	① 原材料の受入の確認	② 庫内温度の確認 冷蔵庫・冷凍庫（℃）	③-1 交差汚染・二次汚染の防止	③-2 器具等の洗浄・消毒・殺菌	③-3 トイレの洗浄・消毒	④-1 従業員の健康管理等	④-2 手洗いの実施	日々チェック	特記事項	確認者
1日	良・(否)	4、－16	(良)・否	(良)・否	(良)・否	(良)・否	(良)・否	花子	4/1 朝、小麦粉の包装が1袋破れていたので返品。午後、再納品	太郎
2日	(良)・否	9、－23	(良)・否	(良)・否	(良)・否	(良)・否	良・(否)	花子	4/2 昼前、A君がトイレの後に手を洗わず作業に戻ったので、注意し手洗いさせた。	
3日	(良)・否	15、－23 →再10℃	(良)・否	(良)・否	(良)・否	(良)・否	(良)・否	花子	4/3 11時頃、15℃。20分後10℃。いつもより出し入れ頻繁だったか。	
	(良)・否	6、		否	(良)・否					

20XX年　4月　**重要管理の実施記録（記載例）**

分類	非加熱のもの（冷蔵品を冷たいまま提供）	加熱するもの（冷蔵品を加熱し、熱いまま提供）	（加熱した後、高温保管）	加熱後冷却し、再加熱するもの	（加熱後、冷却するもの）	日々チェック	特記事項	確認者
メニュー	刺身、冷奴	ハンバーグ、焼き魚、焼き鳥、唐揚げ	唐揚げ、ライス	カレー、スープ	ポテトサラダ			
1日	(良)・否	良・(否)	(良)・否	(良)・否	(良)・否	花子	4/1　ハンバーグの内部が赤いとクレームがあった。調理したB君に確認したところ、急いでいたので確認が十分でなかったとのことであった。B君に加熱の徹底と確認を再教育した。	太郎
2日	(良)・否	(良)・否	(良)・否	(良)・否	(良)・否	花子		
3日	(良)・否	(良)・否	(良)・否	(良)・否	(良)・否	花子		
	(良)・否			(良)・否				

販売業が 取り組むべき一般的衛生管理

① 担当者を決める

誰が行うか、担当者を決めましょう。当番制でも、交代制でもかまいません。

② 作成したリストに沿って各項目をチェックする

確認者は、売り場担当者と違う人でなければなりません。
店長でも、副店長でもよいし、売り場とは関係ない会計の人でもよいでしょう。

③ 記録して保存する

確認をしたら、記録をつけます。その際、チェックリストを元に記録をつけます。

複雑で多くの項目があると記録そのものが負担になりますので、1 枚の用紙にすべてが記録できるコンパクトなもののほうがよいでしょう。

1. 仕入れ時のチェック(例)

- □ 品温のチェックをしたか
- □ 容器包装の破損はないか
- □ 表示の確認（特に期限、保存方法の確認）
- □ 変色や異臭、冷凍食品に解凍の跡はないか
- □ 仕入れ後すぐに冷蔵・冷凍庫内に入れたか

2. 陳列販売時のチェック(例)

- □ 冷蔵庫は10℃以下、冷凍庫は−15℃以下になっているか
- □ 温度計は正確に作動しているか
- □ ロードラインを超えて食品を陳列していないか
- □ 期限切れの食品を販売していないか
- □ 容器包装等に破損はないか

3. 従業員の健康・衛生チェック(例)

- □ 発熱、下痢、嘔吐等の症状はないか
- □ 清潔な身だしなみか
- □ 十分に手を洗ったか

製造業の HACCPに基づく衛生管理

基本の一般的衛生管理プログラム

□ 施設設備の衛生管理

- 施設の周囲、設備、天井、内壁、照明設備（照度測定含む）、換気および空調設備等の定期的な清掃、点検

□ そ族・昆虫の防除

- 防そ、防虫設備、そ族・昆虫等の有無、駆除作業等の定期的点検作業

□ 施設設備・機械器具の保守点検

- 食品に直接接触する機械・器具の、作業開始前・作業中・作業終了後の洗浄殺菌、点検
- 手洗い設備には石けん、爪ブラシ、ペーパータオル、殺菌液等を常備し、適正な頻度で点検

□ 使用水の衛生管理

- 給水設備（殺菌・浄水装置、貯水槽、排水管等）の定期的清掃、点検

□ 排水および廃棄物の衛生管理

- 排水の定期検査、浄水能力の維持管理
- 廃棄物は素材ごとに区分し、フタ付きの容器に収納
- 廃棄物用の容器、器具および保管設備の清潔保持

□ 従事者の衛生教育・管理

- 従事者のレベルに対する教育訓練のスケジュール、目的、内容、講師等の規定。従事者ごとの教育履歴の記録、保管
- 管理計画（従事者の健康管理、手洗いの励行、専用作業着、帽子、マスクの着用の実施等）の作成と実施状況の記録

□ 食品等の衛生的な取扱い

□ 製品の回収プログラム

- 不良製品の回収手順、責任者等の記載された回収プログラムの作成、従事者の実施訓練

□ 製品等の試験検査に用いる設備等の保守点検

- 試験検査設備の保守点検責任者の選任、ならびに試験検査責任者を選任し、精度管理を実施

製造業の HACCP の実施

① HACCP チームを編成

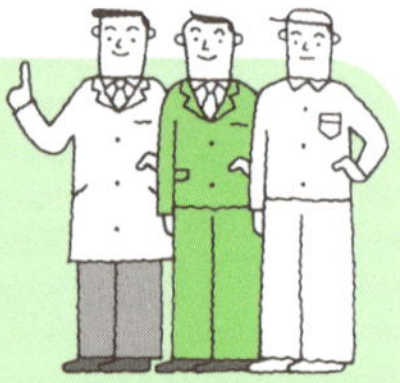

HACCP に基づく衛生管理は、HACCP プランの作成を担うチームをまず編成することから始まります。チームは７つの原則に基づき以下の②から⑫手順までの HACCP システムを構築・実施し、内・外部からの視察への対応、システムの維持管理、見直しなどの作業を行います。

② 製品について記述

製品の名称、種類、原材料リスト、使用添加物リストとそれぞれの使用量、容器包装の形態や材質および性状や特性（保存方法を含む）等を明確にします。

③ 使用について記述

製造施設から出た製品が、いつ、どこで、どのような形で、誰に使用されるのかを明確にします。

④ 製造工程一覧図、施設図面、標準作業手順書（SOP）を作成

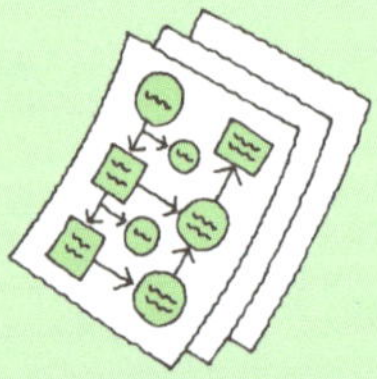

原材料の受入れから食品が提供されるまでの各工程について、作業の流れがわかる製造工程一覧図を作成します。また必要に応じて、施設内での相互汚染の可能性を把握するために、人、製品の動線を記載した施設図面の作成も有効です。次に、工程ごとの作業担当者、作業内容、使用する機材や作業の所要時間を記載した標準作業手順書（SOP）を作成します。

⑤ 現場で確認

前項④で作成した製造工程一覧図や標準作業手順書（SOP）等が実際の作業と一致しているかどうか、誤りや不足がないかどうかを現場で確認します。

⑥ ハザード（危害要因）分析
(HA : Hazard Analysis)

予測した危害要因物質をリスト化して、その危害の発生要因に加え、発生頻度や重篤性を整理します。また、それらの危害要因に対する防止措置を検討し、リストに加えます。

⑦ 重要管理点を設定
（CCP : Critical Control Point）

重要管理点（CCP）とは、ハザード分析によって明らかにされた危害要因の中から、特に厳重に管理する必要があり、確認された危害要因がCCPにおいて適切にコントロールされているかを判定するために設定します。

⑧ 管理基準を設定
(CL : Critical Limit)

管理基準（CL）とは、危害要因を管理するうえで許容できるか否かを判断する基準であり、確認された危害要因がCCPにおいて適切にコントロールされているかを判定するために設定します。したがって、管理基準からの逸脱は製品が安全性を保証する条件下で製造されていないことを意味することになります。

⑨ モニタリングを設定、チェック
(Monitoring)

モニタリングとは、管理基準が確実に守られ、CCP が正しくコントロールされていることを確認するとともに、のちに実施する検証時にも使用できる観察、測定または試験検査を行うことをいいます。

1. 原材料仕入れ時のチェック

- □ 品質、鮮度、品温、異物のチェックをしたか
- □ 外観の異常（冷凍食品の解凍の痕跡、包装の破損など）はないか
- □ 表示を確認したか（特に期限表示、保存温度など）

2. 加熱工程の温度管理をチェック

- □ 製品ごとに加熱条件（温度と時間）を決め、その条件どおりに加熱し、結果を記録したか

3. 冷却等の特に重要な工程の温度管理をチェック

- □ 製品ごとに決められた温度管理条件（温度と時間）どおりに管理し、結果を記録したか

4. 包装時のチェック

- □ 衛生的に包装され、製品に異常（異物混入やピンホール等）はないか
- □ 製品の表示は基準に適合しているか

5. 保管時のチェック

- □ 原材料は仕入れ後すぐに冷蔵・冷凍設備等に適切な温度で保管したか
- □ 製品（半製品）は冷蔵・冷凍庫等に適切な温度で保管したか
- □ 冷蔵庫は10℃以下、冷凍庫は－15℃以下か（温度計は正確か）

6. 製品等を自主検査でチェック

- □ 製品等について定期的に自主検査を行い、不備があった場合には、原因を調査して改善しましょう

⑩ 改善措置を設定
(Corrective Action)

改善措置とは管理基準に適合しなかった場合や、許容範囲を超えた場合に適切かつ具体的にどのような修復または改善措置をとるかを設定することです。

⑪ 検証方法を設定
(Verification)

検証とは、HACCPシステムが適切に行われているかどうか、あるいはHACCPプランに修正が必要かどうかを判断するために行われる方法、手続き、試験検査をいいます。その方法には、製造施設内部の人々による内部検証と社外の専門家による外部検証とがあり、いずれも検証の結果、改善が必要な部分には迅速に対処することが必要です。

⑫ 記録を保存
(Record Keeping)

HACCPプランが規定どおり実施されているか、各CCP（重要管理点）において行われる施設内での記録書を作成し保管します。①～⑪手順までの文書化されたものに加え、モニタリング、改善措置、一般的衛生管理プログラムおよび検証の結果を記録する方法を定め、記録後の書類は、一定期間確実にしかも厳重に管理・保管しなければなりません。特に必要なことは、標準作業手順書等に、誰が、いつ、どこで、どのように記録するのか、また記入された記録を誰がチェックするのかを明確に記載することです。さらに、これらとは別に文書保存規定として、文書保存の責任者、保管場所および期間についても記載されたものを作成しなければなりません。

Q3

仕出し弁当などのHACCPでは原材料の数が多く、調理工程図とハザード（危害要因）リストが複雑になりがちです。よい方法はないでしょうか？

A

次のようにまとめると効率よくすすめられます。

1. 工程図は、まず個々の献立（単品）ごとに作成する。
2. その後、全体の工程を一図に書き込んでみる。
3. かなり複雑になるが、共通点を見つけまとめる。
4. まとめる段階で、原材料を農作物・畜産物・水産物にグループ分けする。工程が同じもの（非加熱、加熱、加熱・冷却）をまとめる。
5. 工程図が簡素化されれば危害要因分析もしやすくなる。

Q4

重要管理点（CCP）は何カ所も設定してよいのですか？

A

通常は2～3カ所の工程をCCPとするのが一般的です。多すぎるとモニタリングに手間がかかり、本来のCCPの管理がおろそかになるおそれがあります。フードサービスではメニュー数が多いので、1カ所か多くても2カ所がよいでしょう。

Q5

X線異物検出機・金属探知機がないのですが、これに代わる異物除去の方法はありますか？

A

特別な設備がなくても、

1. 選別作業→2. ふるいにかける→3. ろ過→4. 沈殿→5. 水洗い→6. 磁石→7. 目視検品

といった方法で異物混入をチェックすることができます。

HACCP Q&A

Q1 一般的衛生管理プログラムの作成にあたっての留意点はなんですか？

A

HACCP 導入の第一歩は、一般的衛生管理をしっかりと実行すること。以下の点に気をつけて始めましょう。

1. できないことを決めない。
2. 食品衛生法を遵守する。
3. いま実行していることを中心に文書化してみる。
4. 記録の書式を決める。
5. 担当者と確認者は必ず決める。
6. 頻度を決める。
7. わかりやすいものにする。

Q2 フードサービスはメニューが多いので、メニューごとにHACCP を行うにはどうすればよいですか？

A

フードサービスでの HACCP では、次の６つのカテゴリーに分けるのがよいでしょう。

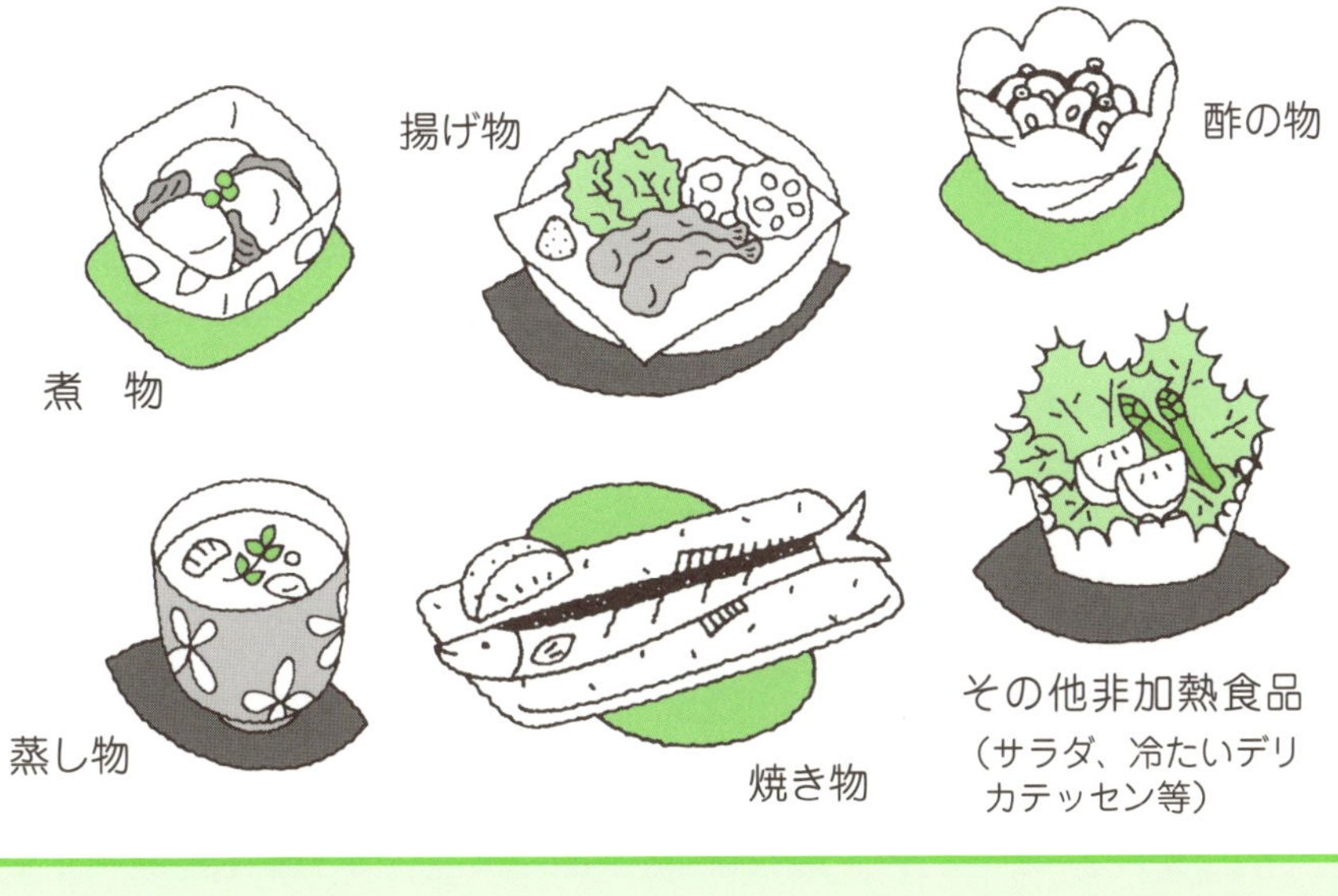

食品衛生協会の活動

全国の食品衛生協会は、食品等事業者と消費者を結び、食の安全を守るための各種活動（食品衛生指導員活動、食品衛生責任者等の各種講習会の実施、食品衛生月間事業、ノロウイルス食中毒予防強化期間事業、食の安心・安全・五つ星事業など）を行っています。

■ 食品衛生協会のしくみ

厚生労働省	（指導・連携）→	日本食品衛生協会
都道府県指定都市	（指導・連携）→	59支部／各都道府県・市の食品衛生協会
保健所	（指導・連携）→	712支所／保健所単位の食品衛生協会

（2018年7月現在）

■ 食品衛生協会会員に向けての共済事業を展開しています

日本食品衛生協会では、被害者救済と事業者の経営の安定を目的に、食品衛生協会会員向けの賠償責任保険制度として総合食品賠償共済「あんしんフード君」を実施しています。

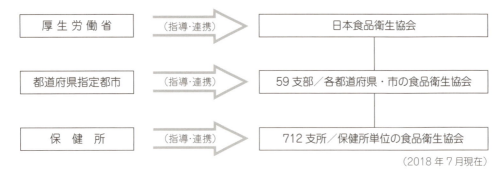